新华美誉

童眼看世界
TONGYAN KAN SHIJIE

U0182871

认中国

北京理工大学出版社
BEIJING INSTITUTE OF TECHNOLOGY PRESS

写给小读者

亲爱的小朋友，作为一位中国人，你了解自己的祖国吗？你知道中国的国土面积是多少吗？你知道中国有多少山川、河流、湖泊吗？你知道中国有多少个民族吗？你知道中国的历史有多悠久吗？

如果你不够了解，欢迎你打开这本书。它将带着大家认识我们伟大的祖国，了解祖国的壮丽山河、民族风情以及悠久的历史。当大家全面了解祖国之后，你会更加爱她！

目录

基础知识篇

中国 …………………… 8
高原 …………………… 10
平原 …………………… 12
盆地 …………………… 14
丘陵 …………………… 16
山脉 …………………… 18
海域 …………………… 20
河流 …………………… 22
湖泊 …………………… 24
民族 …………………… 26
宗教 …………………… 28
节日 …………………… 30
科技 …………………… 32

建筑 …………………… 34
美食 …………………… 36
汉字 …………………… 38
文学 …………………… 40
书画 …………………… 42
音乐 …………………… 44
舞蹈 …………………… 46
戏曲 …………………… 48
服饰 …………………… 50

省

黑龙江省 …………………… 54
河北省 …………………… 56
山西省 …………………… 58

吉林省 ················· 60

辽宁省 ················· 62

陕西省 ················· 64

甘肃省 ················· 66

青海省 ················· 68

山东省 ················· 70

河南省 ················· 72

江苏省 ················· 74

浙江省 ················· 76

安徽省 ················· 78

江西省 ················· 80

福建省 ················· 82

台湾省 ················· 84

湖北省 ················· 86

湖南省 ················· 88

广东省 ················· 90

海南省 ················· 92

四川省 ················· 94

云南省 ················· 96

贵州省 ················· 98

自治区 ✏️

新疆维吾尔自治区 ········· 102

内蒙古自治区 ············· 104

宁夏回族自治区 ··········· 106

广西壮族自治区 ··········· 108

西藏自治区 ··············· 110

直辖市 ✏️

北京市 ················· 114

天津市 ················· 116

重庆市 ················· 118

上海市 ················· 120

特别行政区 ✏️

香港特别行政区 ··········· 124

澳门特别行政区 ··········· 126

基础知识篇

　　中国历史悠久，有多久呢——上下五千年。在中国的史前神话传说中，炎、黄二帝被尊奉为中华民族的人文始祖。大约在公元前 2070 年，新石器时代二里头文化（夏）出现，中国开启了奴隶制社会时代；东周推动了社会发展和变革，中国文化灿烂发展；直到秦始皇一统中国，建立了中国历史上第一个封建王朝，中国开始了长达 2000 年的封建社会。1911 年，一声炮响，辛亥革命推翻了帝制，历史的车轮滚滚向前……

中国

中国是一个历史悠久的多民族国家，汉族与少数民族被统称为"中华民族""中华儿女"。世界四大文明中，只有中国没有出现文明中断现象，历史十分悠久，号称"中华文明上下五千年"。

精彩中国

中国位于亚洲东部，太平洋西岸，陆地面积约 960 万平方千米。中国是世界上人口最多的发展中国家，人口约 14 亿。中国疆域幅员辽阔，南北纵跨五个温度带，北起黑龙江漠河，南到南沙群岛的曾母暗沙；西起帕米尔高原，东至黑龙江、乌苏里江汇合处。

中国有着光辉灿烂的文化和光荣的革命传统，中国的饮食、中医、艺术等在世界上都有广泛的影响。

高原

中国有四大高原：青藏高原、内蒙古高原、云贵高原、黄土高原。其中，青藏高原是海拔最高的高原，而黄土高原是世界上水土流失最严重和生态环境最脆弱的地区之一。

精彩中国

青藏高原被称为"世界屋脊"，由于海拔高，那里太阳辐射强烈，日照多，气温低，有众多的冰川和雪山，是中国很多河流的发源地。如长江、黄河、澜沧江、雅鲁藏布江都发源于青藏高原。此外，高原上还有众多的湖泊，比较著名的有纳木错和青海湖，被誉为高原上的"明珠"，湖水明净如湛蓝的天空，是很多人向往的"天堂"。

云贵高原有许多终年积雪的高山，如玉龙雪山、梅里雪山、哈巴雪山等。

平原

东北平原、华北平原、长江中下游平原是中国的三大平原。其中，面积最大的是东北平原，经济最为富庶的是长江中下游平原，人口最多的是华北平原。

精彩中国

东北平原土地肥沃，是全球仅有的三大黑土区域之一。东北地区粮食产量占中国总产量的三分之一，是中国重要的粮食、大豆、畜牧业生产基地，也是中国重要的煤炭、钢铁、机械、能源、化工基地。华北平原又称黄淮海平原，是中国重要的粮棉产区。长江中下游平原河网纵横，向有"水乡泽国"之称。

长江中下游平原是中国重要的工业基地，主要由江汉平原、洞庭湖平原、鄱阳湖平原、皖苏沿江平原、里下河平原及长江三角洲平原六块平原组成。

盆地

中国地势多样，其中盆地的数量也不少。如塔里木盆地、四川盆地、柴达木盆地、准噶尔盆地、鄂尔多斯盆地、渤海—华北盆地、松辽盆地和羌塘盆地等，都是大家较为熟悉的盆地。

精彩中国

塔里木盆地位于中国新疆南部，是中国面积最大的内陆盆地。塔里木河以南是中国最大沙漠塔克拉玛干沙漠。鄂尔多斯盆地是地质学上的名称，一般称陕甘宁盆地，行政区域横跨陕西、甘肃、宁夏、内蒙古、山西五省（区），鄂尔多斯意为"宫殿部落群"和"水草肥美的地方"，而实际上该地区自然资源也十分丰富。

四川盆地是中国著名红层盆地，中国最肥沃的自然土壤，中国最大的水稻、油菜籽产区。

丘陵

中国丘陵地形主要分布在东部地区，自北向南主要有：辽东丘陵、山东丘陵、东南丘陵。此外，东北长白山周边、四川盆地、长江三峡以东的淮阳地区亦分布有低山丘陵。总的来说，长江中下游丘陵最多。

精彩中国

辽东丘陵是长白山地的延续部分，西临渤海，东靠黄海，南面隔渤海海峡与山东半岛遥遥相望，仅西北和北部与辽河平原和长白山地相连，自然条件优越，农业发达。山东丘陵位于黄河以南、大运河以东的山东半岛上。山东半岛也是我国温带果木的重要产地，如烟台苹果、莱阳梨等都非常著名。东南丘陵林、农、矿场资源丰富。

东南丘陵北至长江，南至两广，主要山岭有黄山、九华山、衡山、丹霞山、武夷山、南岭等。

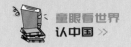

山脉

中国有众多的山脉，山脉一般有五种走向：东西走向的，如天山、阴山；东北—西南走向的，如大兴安岭、太行山；西北—东南走向的，如阿尔泰山、祁连山；南北走向的，如横断山脉、贺兰山；弧形山系，如喜马拉雅山。

精彩中国

在中国成千上万条的山脉中，有一些山脉的作用尤为特别。如：秦岭—淮河一线是中国亚热带和暖温带的分界线；大兴安岭是半湿润地区与半干旱地区的分界线；昆仑山是中国人心中的"仙山"；祁连山是暖温带与中温带的分界线；天山是准噶尔盆地与塔里木盆地的分界线；太行山是东部华北平原和西侧黄土高原的重要界线。这些山脉深深影响了气候、资源分布等。

喜马拉雅山脉，藏语意为"雪的故乡"，位于青藏高原南巅边缘，是世界海拔最高的山脉，主峰是珠穆朗玛峰。

海域

中国位于亚洲大陆的东部，东面和南面紧邻太平洋，因此中国有着辽阔的海域。中国最著名的海域有四个：渤海、黄海、东海、南海。其中，渤海是中国的内海，被山东半岛和辽东半岛半包围着。

精彩中国

黄海因周边河流河水携带泥沙比较多，近岸部分海水呈黄色而得名。中国的主要河流中的碧流河、鸭绿江都会注入黄海。由于黄海水底生物资源丰富，盛产鱼类、虾类和贝壳类、软体类等经济生物，因此黄海是中国著名的渔场。东海也有丰富的鱼类资源，其中舟山群岛附近的渔场被称为中国海洋鱼类的宝库，盛产大黄鱼、小黄鱼、带鱼、墨鱼等。

南海是动物资源最丰富的海域，大家熟悉的大型动物主要有鲸、海豚、海象、海狮、海狗、海豹等。

河流

中国是世界上河流最多的国家，有许多河流源远流长，其中流域面积超过 1000 平方千米的就有 1500 条。中国的河流有注入海洋的外流河，也有不流入海洋的内流河。除长江、黄河等天然河流外，还有人工河，如京杭大运河等。

精彩中国

长江和黄河是中国的两大河流。其中，黄河被称为"中国的母亲河"，孕育了中华文明。新石器时代的蓝田文明、半坡文明就出现在黄河支流的渭河附近。

从地理位置讲，黄河发源于青海省巴颜喀拉山，干流流经青海、四川、甘肃、宁夏、内蒙古、陕西、山西、河南及山东 9 个省（自治区），全长 5464 千米，流域面积约 752443 平方千米，是中国第二长河。

京杭大运河是世界上里程最长，工程最大的古代人工运河。

湖泊

中国的湖泊众多，大约有24800个，其中面积在1平方千米以上的天然湖泊就有2800多个。但中国的湖泊有一个特点：分布不均匀。淡水湖多集中在东部长江中下游地区，而西部青藏高原地区多咸水湖。

精彩中国

中国湖泊众多，著名的湖泊有鄱阳湖、洞庭湖、洪泽湖、巢湖、青海湖、滇池等。鄱阳湖是中国第一大淡水湖，也是长江中下游主要支流之一。洞庭湖有千年的历史，因湖中有洞庭山而得名，号称"八百里洞庭"。太湖的鱼虾蟹及珍珠都很出名。洪泽湖是渔业、禽畜产品的生产基地，素有"日出斗金"的美誉。青海湖与滇池都以湖水清澈而闻名，并吸引众多游客前往游览。

滇池古称滇南泽，又名昆明湖，是云南省最大的淡水湖，有高原明珠之称。

民族

中国是一个多民族的国家，其中汉族人口较多，而其他 55 个民族人数较少——我们常称之为少数民族。56 个民族平等互助，和平相处，国家尊重每个民族的文化和传统，这使得各民族兄弟姐妹亲如一家，更加和睦。

精彩中国

56 个民族，除去汉族，还有满族、蒙古族、回族、藏族、维吾尔族、苗族、彝族、壮族、布依族、侗族、瑶族、白族、土家族等少数民族。少数民族在中国的人口中占比不到 10%。虽然每个省都有少数民族，但内蒙古、新疆、西藏、广西、宁夏 5 个少数民族自治区是少数民族人口最集中的地区，而云南是少数民族种类最多的省，这里生活着大约 50 个少数民族呢。

白族是中国第15大少数民族，云南白族人口最多，白族崇尚白色，服饰款式各地虽不相同，但都以白色衣服为尊。

27

宗教

我国是一个多宗教的国家，从信众的人数上看，主要有道教、佛教、儒教、伊斯兰教、天主教、基督教（新教）六大宗教。此外，还有少数其他宗教和多种民间信仰共同存在。我国是一个信仰自由的国家。

精彩中国

在中国，不同的宗教有着不同的历史。道教是中国的本土宗教，由春秋战国时期的老子创立，至今有 2000 多年的历史。中国的道教名山有三清山、武当山、齐云山等。佛教由印度传入，至今也有近 2000 年的历史，中国有佛教寺院 3.3 万余座，著名的佛教山有峨眉山、普陀山、五台山等。伊斯兰教在唐宋时期传入中国，全国有大小清真寺 3.5 万余座。基督教和天主教于唐朝贞观时期传入。

老子，本名李耳，春秋战国时期人，中国道教创始人，也是神话小说中的"太上老君"。

节日

中国的传统节日形式多样、内容丰富，是中华民族悠久历史文化中的重要组成部分。中华民族的古老传统节日，涵盖了原始信仰、祭祀文化、天文历法、易理术数等人文与自然文化相融的内容。

精彩中国

中国的传统节日主要有春节、元宵节、清明节、端午节、七夕节、中元节、中秋节、重阳节、除夕等。此外，各少数民族也都保留着自己的传统节日，如傣族的泼水节、蒙古族的那达慕大会、彝族的火把节、瑶族的达努节、白族的三月节、壮族的歌圩节、藏族的藏历年和望果节、苗族的跳花节等。各个节日都是人们对美好生活的期待和赞美，都会有相关的活动安排或仪式。

傣族的泼水节，也叫"浴佛节"，一般3~7天，是傣族最盛大的节日。

科技

中国的科技史源远流长，有很长一段时间都居于世界领先地位，成就最大的是农学、天文学、数学和中医学，还创造了像"四大发明"（火药、指南针、造纸术以及印刷术）这样影响世界文明的科技成果。

精彩中国

中国是世界上最早使用火、发明弓箭和陶器的国家。夏商周时期，中国进入青铜器时代，青铜器的铸造和冶炼技术非常高超。春秋战国时期，郑国渠、都江堰等大规模水利工程开始兴建。到了两宋时期，四大发明相继问世，科学巨著《梦溪笔谈》出版，其中《梦溪笔谈》内容涉及天文、数学、物理、化学、生物等各个门类学科，价值非凡。

造纸术，中国古代四大发明之一，纸张的普及对文化的传播起到了巨大的作用，大大推进了文明发展的脚步。

建筑

中国疆域广阔，不同地域的建筑艺术风格也各不相同。中国传统建筑的类型主要有宫殿、坛庙、寺、佛塔、民居和园林等，特点是：造型大气、细节充满生气、整体和谐有韵味。

精彩中国

中国传统的建筑秉承"天人合一"的思想，将建筑与周围环境融为一体。北方的故宫、颐和园、香山公园以及南方的苏州园林，都是这种思想的典型代表。故宫，远望上去就像神话中的琼宫仙阙，气象非凡。而苏州园林则将山、水、花、林、亭台、楼阁完美地糅合到一起，像一位美人一样典雅端庄。苏州园林中，最具代表性的要数拙政园、留园和狮子林。

明十三陵规模宏伟壮丽，景
色苍秀，气势雄阔，是国内现存
最集中、最完整的陵园建筑群。

美食

美食是中国文化的重要组成部分之一，中国拥有悠久的饮食文化，是世界三大菜系（其他两个为法国菜、土耳其菜）之一。中国美食不仅在东亚地区极受欢迎，在世界上其他国家和地区也备受称赞。

精彩中国

中国由于幅员辽阔，物产丰富，不同的地区饮食口味也不同。从主食上来说，中国素有"南米北面"的说法；从口味上来说，又有"南甜北咸、东酸西辣"之说——主要以四川、山东、淮扬、广东四个地区风味为主。川菜以辣著称，口味浓重，善用麻辣调味；鲁菜以咸鲜为主，讲究清汤和奶汤的调制；淮扬菜口味清鲜平和，咸甜浓淡适中；粤菜以丰富精细的选材和清淡、鲜香的口味著称。

经典川菜有川味
火锅、水煮鱼、回锅
肉、麻婆豆腐、鱼香
肉丝、水煮肉片、辣
子鸡、酸菜鱼、宫保
鸡丁、甜皮鸭等。

童眼看世界
认中国 >>

汉字

汉字又称中文、中国字，是世界上最古老的文字之一，已有 6000 多年的历史了。汉字影响了亚洲很多国家，如日本、韩国、朝鲜、越南等国在历史上都深受汉文化的影响，其文字都存在借用汉语言文字的现象。

精彩中国

汉字有着几千年的历史，汉字究竟是谁发明的，说法众多。常见的有仓颉造字和图画等几种说法，其中"仓颉造字"的故事流传最为广泛。传说，仓颉受鸟兽足迹的启发，然后造出了象形字。我们今天使用的汉字是从甲骨文、金文、籀文、篆书等逐渐演化而来的。有了汉字以后，文化更容易传播了，历史可以被记录了，文明进程也大大加快了。

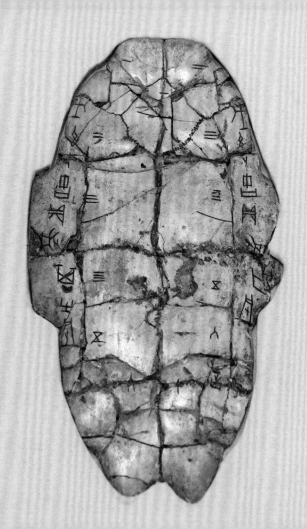

　　甲骨文，汉字的早期形式，将文字刻画在龟甲、兽骨上，是中国商朝时期一种成熟文字，最早出土于河南省安阳市殷墟。

文学

中国文学分为古典文学、现代文学与当代文学。古典文学以唐宋诗词及四大名著为代表，现代文学以鲁迅小说为代表，当代文学则以具有独立思想的中国自由文学为标志。

精彩中国

中国是一个统一的多民族国家，所以中国的文学也具有一定的民族性，且更加精彩。藏族有史诗《格萨尔王传》，傣族有《召树屯》，蒙古族有叙事诗《嘎达梅林》，这些都是中国文学宝库中的璀璨明珠。汉族文学大体分为先秦散文、诗歌、汉赋、乐府、唐诗、宋词、元曲、明清小说等。其中流传最广的为明清时期的四大名著，即《红楼梦》《水浒传》《西游记》《三国演义》。

关汉卿，元曲四大家之首，代表作有《窦娥冤》《单刀会》《西蜀梦》等。

书画

书画是书法和绘画的统称，中国的书画艺术有着几千年的历史。在石器时代，人们就已经开始在岩壁、陶器上作画，到唐宋时期，书画发展达到鼎盛。历代著名书画家有褚遂良、怀素、柳公权、吴道子、展子虔等。

精彩中国

中国的绘画有几千年的历史，最早的绘画出现在岩壁、陶器上，后来出现在青铜器上。汉代的时候，画家将画画在丝织品上，如著名的帛画《人物御龙图》。绘画艺术经过长期发展，到了明代形成多家流派，涌现了一大批著名的画家。

中国的书法经过上千年的发展，由唐朝的高峰发展到明代各成一派，其间涌现了许多书法大家。

拉稍寺石窟壁画，位于甘肃省天水市，这里的壁画造像丰满，神态各异，是中国古代艺术的精品，十分珍贵。

音乐

六七千年前的新石器时代，中国就出现了音乐，那时的乐器主要是烧制的陶埙或者挖制的骨哨。河南出土了距今8000年左右的骨笛，是全世界最古老的吹奏乐器。后来，音乐与歌、舞相结合，形式更加丰富，并走进大部分人的生活。

精彩中国

远古的音乐歌颂的内容主要是"敬天长""奋五谷"，与农业和畜牧业相关。这些歌舞也和原始图腾崇拜有关，例如黄帝氏族以云为图腾，他的乐舞就叫《云门》。相传伏羲发明了琴瑟，这是比较像样的乐器，而且一直流传至今。古代音乐还和文学紧密相连，我们熟知的《诗经》《汉乐府》以及唐诗宋词都是配乐能唱的，例如苏轼的《水调歌头》等。

《诗经》是中国第一部诗歌总集，内容丰富多样，涉及生活、战争、爱情、婚姻、习俗、天文、地理等。

舞蹈

舞蹈是一种古老的艺术形式，中国舞蹈的历史和中国的文明史几乎同样长。中国舞蹈从最早的蒙昧时期，经过发展和演变，逐渐形成了独具中国形态和神韵的东方舞蹈艺术。舞蹈与歌相伴相生，合为歌舞。

精彩中国

中国的舞蹈可追溯到五六千年前的新石器时代，那时的歌舞具有群体性特征，以反映劳动生活为主。到了尧舜禹时期，汉族舞蹈出现了歌颂古代帝王的功能。夏商时期，舞蹈出现了伴舞乐器，今天的《腰鼓舞》《花鼓舞》都是这一类舞蹈。汉唐时期，舞蹈已经淡化了"祈神"的功能，主要集欣赏与艺术性于一体，并与杂技结合，赵飞燕和公孙大娘都是舞蹈名家。

霓裳羽衣舞，唐代宫廷乐舞，唐代舞蹈集大成者，是中国音乐舞蹈史上一颗璀璨的明珠。

戏曲

中国的戏曲主要由民间歌舞、说唱和滑稽戏三种不同艺术形式融合而成。中国的戏曲经过长期的发展和演变，逐步形成了现在以"京剧""越剧""黄梅戏""评剧""豫剧"五大剧种为核心的戏剧百花苑。

精彩中国

戏曲是中国传统艺术之一，流传至今的剧种有上百种，表演形式多样，说唱兼备，文武兼具。集唱、念、做、打于一体，在世界戏剧史上独树一帜。以京剧为例，分生、旦、净、丑四大行当，脸谱、行头有固定的式样和规格，是夸张性的化妆艺术。京剧在清后期空前繁荣，著名的京剧表演艺术家当属"四大名旦"——梅兰芳、程砚秋、尚小云与荀慧生。至今，依然有许多人热爱这些艺术。

昆曲，是中国古老的戏曲声腔，被誉为"百戏之祖"，距今有600多年的历史。

服饰

中国的服饰史，最早可追溯到三皇五帝时期。古代中国的服饰被称为传统服饰，主要分上衣下裳和衣裳连属两种类型。我们把中国汉民族的传统服饰统称为"汉服"，它是中华民族的文化瑰宝。

精彩中国

汉服指汉民族服装。其中，男子的服装和冠一起出现，帝王的衣冠奢华富丽：玄衣宽袖，衣服上绣有日月星辰、山龙花虫等，腰间要系革带，并配有玉佩，头上要戴王冠。普通百姓则穿短上衣和长裤，没有长外套。女子的服装，王后及贵妇的服装上衣下裳，也有衣裳连着的，头发要挽成髻，发髻上配以凤冠、珠钗、玉簪等。

旗袍，由清代女性的旗服演
变而来，被誉为国粹和女性国服。

省

　　省是中国的一级行政区划，地方最高行政区域名。省，源自古代行省制，由宋时期金国的行省逐步演变而来。中国目前有 23 个省。

黑龙江省

黑龙江省，位于我国东北地区，因境内有黑龙江而得名，简称"黑"，省会哈尔滨。黑龙江土地肥沃，是我国重要的粮食生产基地。气候寒冷，但造就了举世闻名的冰雕艺术。黑龙江人豪爽、热情，饮食以炖菜为多。

精彩中国

黑龙江历史悠久，早在先秦时期就已经有人定居该地区，从此开创黑龙江的历史。截至2018年，黑龙江省共辖13个地级行政区，包括12个地级市、1个地区。

黑龙江拥有全中国最丰富的森林资源，手握大小兴安岭和长白山脉及完达山等重要森林资源。优良的自然环境，使得这里也成为动物乐园，省内有野生动物500余种，如东北虎、紫貂、梅花鹿等。

黑龙江，与省名同名的河流。

55

河北省

河北省，简称"冀"，省会石家庄。河北是著名的历史文化大省。5000年前，发生在冀州的涿鹿之战开启了中华文明的先河，而我们熟知的"负荆请罪""毛遂自荐"等历史事件也都源自这片土地。

精彩中国

河北地处平原，土地肥沃，是中国重要的商品棉生产基地；又因临近渤海，湿地资源丰富，动植物种类繁多。

来河北省旅游，一定不能错过承德避暑山庄、明清皇陵等名胜古迹。而且，世界上现存年代最久远、跨度最大、保存最完整的单孔坦弧敞肩石拱桥——赵州桥，就矗立于河北省赵县洨河上。该桥由隋朝著名工匠李春设计，距今已有1400多年的历史。

白洋淀，位于河北保定市，以茫茫芦苇荡和千亩荷花淀被人熟知。

山西省

　　山西省，因居太行山之西而得名，简称"晋"，省会太原。山西有3000年的历史，素有"中国古代文化博物馆"之称。山西是中国"商"文化发源地之一。被誉为"晋商"。由于盛产小麦，山西的面食丰富且全国有名。

精彩中国

　　山西，位于黄土高原上，历史悠久。春秋时期，晋国强大，成为春秋五霸之一，因此山西简称"晋"。隋末，李渊起兵太原建立唐朝，太原被封为唐朝的"北都"。明清时期，山西人经商居多，由此形成"晋商文化"，当时的山西商人也被称为晋商。晋商与徽商、潮商合称中国历史"三大商帮"。至今平遥古城依然保留了明清时期的众多票号，它们见证了晋商的辉煌。

　　云冈石窟，距今有千年的历史，它与敦煌莫高窟、洛阳龙门石窟和天水麦积山石窟并称为中国四大石窟艺术宝库。

吉林省

吉林省，位于中国东北地区中部，简称"吉"，省会长春。吉林是中国重要的工业基地，是著名的"汽车城""电影城""科教文化城""森林城"和"雕塑城"。

精彩中国

吉林，东三省之一，境内山峦广布，著名的山峰有长白山。长白山是中华十大名山之一，有"千年积雪万年松，直上人间第一峰"的美誉。长白山野生药用植物资源丰富，被誉为中国三大天然药材宝库。不仅如此，吉林的野生动植物资源也很丰富，可食用的野生植物有松茸、黑木耳、猴菇菌等，动物有东北虎、豹、梅花鹿等国家一级珍贵保护品种。

　　吉林雾凇被誉为"中国四大自然奇观之一"。每到隆冬时节，松花江两岸柳树结银花，松树绽银菊，美不胜收。

辽宁省

辽宁省，取辽河流域永远安宁之意，简称"辽"，省会沈阳。辽宁是中国重要的老工业基地，是中国近代开埠最早的省份之一，也是全国工业门类较为齐全的省份之一。

精彩中国

辽宁，古称"奉天""盛京"，甲午战争后，1895年4月17日，清朝政府与日本明治政府签署《马关条约》，割让辽东半岛予日本。六日后，俄国、德国与法国为了自身利益，迫使日本把辽东还给中国。1929年，南京国民政府改奉天省为辽宁省。辽宁民俗文化丰富，二人转、评书、小品等独具特色，尤其评书艺术，大江南北流传盛广，影响了几代人。

沈阳故宫是中国仅存的两大宫殿建筑群之一，又称盛京皇宫，为清朝初期的皇宫，距今近400年历史。

陕西省

陕西省，位于西北内陆腹地，简称"陕"或"秦"，省会西安。陕西历史悠久，是中华文明的重要发祥地之一，文物古迹遍布。从西周起，至秦、汉、唐等朝代，共有 14 个政权在陕西建都。

精彩中国

陕西，位于黄河流域，人文初祖炎帝与黄帝在这里创造了华夏农耕文明。汉唐时期文化繁盛，佛教由印度传入中国，唐朝高僧玄奘主持修建了西安大雁塔。该塔保存从天竺取回的贝多罗树叶梵文经、佛像以及万余颗舍利子等。今日的陕西还是中国重要科教高地之一，拥有西安交通大学、西北工业大学等重点大学。

陕北是中国现代革命圣地，毛泽东等老一辈无产阶级革命家在这里生活战斗过13年，留下了大批宝贵的革命文物、革命纪念地和丰富的精神财富——陕北革命精神。

甘肃省

甘肃省，简称"甘"或"陇"，省会兰州。甘肃是中华文明和华夏文明的重要发祥地之一，传说中的伏羲、女娲和黄帝相传都是诞生于甘肃。如今，甘肃以风能、太阳能资源丰富而著称。

精彩中国

甘肃地形狭长，由西北向东南延伸，也因此造就了甘肃复杂多样的地貌——有干旱的戈壁，也有湿润的绿洲，还有茫茫的雪域草原。每逢夏秋，甘肃各地风景如画，美不胜收。甘肃也是千年文化之地，莫高窟、麦积山、崆峒山、嘉峪关、拉卜楞寺、月牙泉等，都是充满历史厚重感的人文和自然景观。尤其月牙泉，以"沙漠奇观"著称于世，被誉为"塞外风光之一绝"。

莫高窟又称千佛洞，是世界上现存规模最大、内容最丰富的佛教艺术圣地。

青海省

青海省，因境内有中国最大的内陆咸水湖"青海湖"而得名，简称"青"，省会西宁。长江、黄河和澜沧江由此发端，并由此有了"三江源"。青海三江源被誉为"中华水塔"，孕育了中华文明。

精彩中国

青海省地势高，地形复杂，地貌多样，风光独特。在这里，你能看到湛蓝的天空、清澈的湖水、碧绿的草原。每年农历四月后，青海都会举办著名的花儿会。花儿是青海民歌，唱词浩繁，被人们称为西北之魂。每到此时，人们穿着民族盛装，在漫山鲜花的地方引吭高歌。由于青海藏族居民居多，所以省内有不少藏传佛寺，塔尔寺便是其中之一，而这座寺院已经有600年历史了。

青海湖，中国最大的内陆湖。
每到夏秋季节，这里天高云阔，
千亩油菜花灿烂绽放，美不胜收。

山东省

山东省，因居太行山以东而得名，简称"鲁"，省会济南。山东是儒家文化之乡，伟大的儒家思想家孔子、孟子及军事家孙子都诞生于山东。山东还是中国的经济大省、人口第二大省、中国温带水果之乡。

精彩中国

山东是中国的农业大省，也是矿物资源丰富的省份，物产富饶，经济发达。同时山东也是人口大省，截至 2018 年年末，全省常住人口 10047.24 万人。山东的名人代表当属著名教育家、思想家孔子了，山东的儒学氛围也因此十分浓厚。厚重的文化也让山东的山水充满人文色彩，泰山自秦始皇之后便是历代帝王封禅和祭祀的地方，享有极高的荣誉，被称为"五岳之首"。

孔府、孔庙、孔林被称为曲阜"三孔"。

河南省

河南省，因大部分位于黄河之南而得名，简称"豫"，省会郑州。河南素有"九州腹地、十省通衢"之称，是全国重要的综合交通枢纽和人流、物流、信息流中心。

精彩中国

河南位于黄河中下游地区，河流纵横，森林茂密，古时野象众多——"豫"之称由此而来。河南拥有几千年的文明史，中国八大古都中河南占了四个，分别是洛阳、开封、安阳和郑州。其中，开封是北宋的首都，著名的《清明上河图》描绘的就是开封的城市面貌和当时百姓的生活状况。河南也是农业、人口大省，粮食总产量占到全国总产量的近10%，截至2018年年末，全省人口9605万人。

少林寺，位于□岳之一的河南嵩山，是中国□□禅宗祖庭和□国功夫的发源□□□誉为"天下第一名□"

江苏省

江苏省处于长江中下游地区，境内河网密布，湖泊众多，交通发达，自古地域富庶，农业和商业发达，被称为"鱼米之乡"，省会南京。近年来，江苏人均GDP、综合竞争力常位于中国各省第一，已步入"中等发达国家水平"。

精彩中国

江苏与上海、浙江、安徽共同构成长江三角洲城市群，成为国际六大世界级城市群之一。截至2018年5月，江苏省共辖13个地级市，22个县级市。江苏境内有长江横穿而过，又有京杭大运河纵贯全省，省内拥有两大淡水湖"太湖"与"洪泽湖"，渔业资源丰富。由于沿海，江苏是港口大省，拥有7个重要港口，如连云港、徐州港、太仓港等。

中山陵是中国近代伟大的民主革命先行者孙中山先生的陵寝及其附属纪念建筑群，建筑庄严简朴，别创新格。

75

浙江省

浙江省，因境内钱塘江江流曲折，取名浙江，简称"浙"，省会杭州。浙江省素有"鱼米之乡"之称，这里的大米、茶叶、蚕丝、柑橘、竹品、水产品等均在中国占有重要地位。

精彩中国

浙江处于长江中下游地区，海拔较低，地貌多样，既有水网密集的平原，也有低起伏的丘陵和山地，还有风貌独特的海岛，整个浙江可谓山河湖海无所不有。这里山明水秀，物产丰饶，百姓生活富足，所以也被称为"人间天堂"。历史悠久的浙江，不但拥有杭州、宁波、绍兴、湖州这样风景如画的城市，还有越剧、西泠印社、金石篆刻、黄杨木雕、西湖等文化遗产，不可不谓风流呀。

杭州的西湖是我国著名的风景名胜区，这里有十处著名的景观：平湖秋月、苏堤春晓、断桥残雪、雷峰夕照、南屏晚钟、曲院风荷、花港观鱼、柳浪闻莺、三潭印月、双峰插云。

安徽省

安徽省，因境内有皖山、春秋时期有古皖国而简称"皖"，省会合肥。安徽最早于清朝时建省，省名取当时安庆、徽州两府首字合成。安徽是著名的商帮之地，徽商古今闻名。

精彩中国

安徽是长江三角洲地区的重要组成部分，经济、文化等都较为先进，民间文学、音乐、舞蹈、戏曲、杂技等多不胜数。安徽省野生动植物资源丰富、种类繁多，世界特有的野生动物扬子鳄和白鳖豚就生活在安徽中部的长江流域。安徽风景名胜也天下闻名，黄山、九华山、天柱山、琅琊山、巢湖、花亭湖等每年都能吸引大量游客。

黄山以奇松、怪石、云海、温泉、冬雪"五绝"著称于世，拥有"天下第一奇山"之称。

江西省

　　江西省，因境内有赣江而简称"赣"，省会南昌。江西资源丰富、生态优良，境内有中国第一大淡水湖鄱阳湖。江西也是亚洲铜工业基地之一，有"世界钨都""稀土王国""中国铜都"的美誉。

精彩中国

　　物产丰饶的江西因茶叶、瓷器、柑橘而名扬天下。婺源所产"婺绿"茶同修水一带所产红茶被誉为"绝品"，庐山所产的"庐山云雾茶"被列为中国十大名茶之一。江西还是革命老区，是红色文化发源地：井冈山是中国革命的摇篮，南昌是中国人民解放军的诞生地，瑞金是苏维埃中央政府成立的地方，万里长征也是从赣州出发的。

景德镇的瓷器源远流长，以
"白如玉、明如镜、薄如纸、声
如磬"的特色闻名中外。

福建省

福建省，简称"闽"，省会福州。福建大部分为山地丘陵，因此森林覆盖率高达65%，居全国第一。福建岛屿众多，多达1500个。依山傍水，造就了福建丰富的旅游资源。

精彩中国

福建自古称"闽"，"闽"的意义就是门内供着一条蛇。蛇形图腾崇拜的习俗，已成为闽文化的标志之一。由于地处东南，远离中原地区，福建方言复杂多样，难懂程度居全国第一。福建饮食自古不同于中原地区，美食别有特色，包括菊花鲈鱼、永安淮山干贝羹、厦门花生酥、鱼皮花生等，都是非常出名的美味，深受大家喜爱。

福建土楼，是东方文明的一
颗明珠，是世界上独一无二的神
话般的山村民居建筑。

童眼看世界
认中国 >>

台湾省

台湾省，简称"台"，省会台北，位于中国大陆东南海域，其中台湾岛是中国第一大岛屿，与福建省相隔台湾海峡。台湾人口大约2400万，以汉族为主，少数民族众多，其中人数最多的是高山族。

精彩中国

台湾自古就是中国领土不可分割的一部分。明末，台湾被荷兰和西班牙侵占；1662年，郑成功收复台湾；后来，清政府结束了郑氏割据，设立台湾府，隶属福建省。1895年，清政府以《马关条约》将台湾割让与日本。1945年抗战胜利后，台湾回到了祖国的怀抱。台湾地理位置优越，气候适宜，农业发达，盛产水果，而且还是旅游胜地。

日月潭，台湾外来种生物最多的淡水湖泊之一，同时也是"台湾八大美景"之一。

湖北省

　　湖北省，因在洞庭湖以北而得名，简称"鄂"，省会武汉。由于长江穿省而过，湖泊密布，湖北又被称为"千湖之省"。除了历史悠久、文化深厚，湖北还是近代中国革命根据地。

精彩中国

　　湖北地貌多样，山川峻岭遍布，三峡中的巫山是中国的神话名山，相关传说多不胜数。三国时期，湖北属于蜀国，而荆州是长江中游交通要道，因此才有了魏、蜀、吴抢夺荆州的故事。深厚的文化积淀让湖北拥有众多的历史文物和遗迹，曾侯乙编钟、越王勾践剑等均出土于湖北。近代的湖北还是红色革命基地，武昌起义就发生在这里。

黄鹤楼，享有"天下江山第一楼"之称，与晴川阁、古琴台并称武汉三大名胜。

湖南省

湖南省，因大部分在洞庭湖以南得名，又因湘江流贯全境而简称"湘"，省会长沙。如今，湖南文化、旅游等发展良好，成为其经济的重要组成部分。

精彩中国

湖南山脉众多，其中最著名的山为张家界。张家界的风光以峰称奇、以谷显幽、以林见秀，这里的石峰如人如兽，形象逼真，气势壮观。湖南生物资源丰富多样，有华南虎、云豹、麋鹿等13种国家一级保护动物。湖南还是一个少数民族众多的省份。在饮食上，湖南有其独特的风味，"湘菜"是八大菜系之一，以酸辣菜和腊制品著称。

武陵源，位于湖南省西北部，被称为自然的迷宫、地质的博物馆、森林的王国、植物的百花园、野生动物的乐园。

广东省

广东省，简称"粤"，省会广州。广东省是中国最早出现资本主义生产方式的省份之一。如今，广东省已成为中国第一经济大省，其中尤以面积不到广东省1/3的珠江三角洲地区（含广州、深圳、东莞等九个城市）贡献最大。

精彩中国

广东位于中国的东南沿海地区，是中国的南大门。由于地处沿海，广东捕捞业、养殖业发达，雷州半岛养殖的海水珍珠产量居全国第一。广东还拥有众多的优良港口，广州港、深圳港、汕头港都是中国对外交通和贸易的重要通道。发达的经济把珠三角地区打造成一小时生活圈，开通城际铁路，使城市之间四通八达，生活与商贸往来便利。

广州塔，广州市的
地标建筑，别号"小蛮
腰"，塔高 600 米，是
中国第一高塔。

海南省

海南省，简称"琼"，省会海口。海南省是中国面积（陆地面积加海洋面积）第一大省，中国第二大岛。海南动植物及药材资源丰富，素有"天然药库"之称。

精彩中国

海南岛地处热带北缘，属热带季风气候，素来有"天然大温室"的美称。这里有大量的珍贵木材，如花梨木、坡垒、海南紫荆木、荔枝、红花天料木等。海南药材资源丰富，素有"天然药库"之称，最著名的是四大南药：槟榔、益智、砂仁、巴戟。这里还有世界上罕见的珍贵动物：世界四大类人猿之一的黑冠长臂猿以及坡鹿、水鹿、猕猴、云豹等。

博鳌是海南著名的"十大文化名镇"之一，是国际会议组织——博鳌亚洲论坛永久性会址所在地。

四川省

四川省，简称"川"或"蜀"，省会成都。四川自古就有"天府之国"的美誉，是中国的西部门户，大熊猫的故乡。四川历史悠久，文化灿烂，自然风光绚丽多彩，拥有乐山大佛、黄龙、九寨沟等中外闻名的风景名胜。

精彩中国

四川省地貌差异大，地形复杂多样，自然资源丰富、多样。比如大家熟知的大熊猫、金丝猴、牛羚、绿尾虹雉等，都是国家一级保护动物。四川也是一个风景名胜多不胜数的地方，像峨眉山、青城山、四姑娘山、西岭雪山、岷山等，每日游人如织。此外，四川菜也著称于世，名菜有鱼香肉丝、宫保鸡丁、水煮鱼、夫妻肺片、辣子鸡丁、麻婆豆腐、东坡肘子和东坡肉等。

大熊猫是中国的国宝，存活了800万年，被誉为"活化石"。

95

云南省

云南省，简称"云"或"滇"，省会昆明。因历史悠久、物产丰富、自然风光秀丽，云南又被誉为"七彩云南"。云南是中国少数民族最多的省份之一，所以这里的人文景观也十分富有特色。

精彩中国

云南的气候基本属于亚热带高原季风型气候，立体气候特点显著，类型众多、年温差小、日温差大，有"一山分四季，十里不同天"之说。云南是全国植物种类最多的省份，被誉为植物王国。云南还有药物宝库、香料之乡、天然花园之称。云南的野生动物资源也极丰富，珍禽异兽多不胜数，如蜂猴、野象、长臂猿、印支虎、白尾梢虹雉等。

洱海，因形似人的耳朵而得名。洱海水面清澈，景色宜人，是云南第二大淡水湖。

贵州省

贵州省，简称"黔"或"贵"，省会贵阳。因境内山地多，所以贵州的自然资源及旅游资源十分丰富，是中国著名的山地旅游大省。贵州野生动植物众多，其中黔金丝猴、黑叶猴、云豹、三尖杉等，都是稀有珍贵品种。

精彩中国

贵州有"三天不吃酸、走路打蹿蹿"的民谣。贵州人用腌渍的方法保存食物，食物最大的特点就是酸！酸菜食之开胃消食，酸汤则有爽口提神、杀菌消毒的功效。腌制酸菜的主要原料有萝卜、白菜、卷心菜等，酸汤的制作则分菜类酸、鱼类酸、肉类酸、米类酸等，完全靠自然发酵而成，口味独特而健康，并成为贵州的一张名片。

黄果树瀑布，以水势浩大著称，是世界著名大瀑布之一，无数人为它而奔向贵州。

自治区

　　自治区是中国行政区划之一，是中华人民共和国省级行政区。自治区是中国少数民族聚居地设立的省级民族区域自治地方。中国目前有5个少数民族自治区。

新疆维吾尔自治区

新疆维吾尔自治区，简称新，首府乌鲁木齐，与俄罗斯、哈萨克斯坦等8个国家接壤。由于地处边疆，新疆也是历史上丝绸之路的重要通道。新疆物产丰富，粮、肉、油、煤众多。

精彩中国

新疆位于中国西北部，境内有雪山和冰川，风貌独特，著名的风景区有天山、喀纳斯湖、葡萄沟风景区、吐鲁番等。新疆虽然是干旱地区，但动植物资源丰富：植物有白杨、柳树、白蜡、槭树、白松、沙枣等；动物有雪豹、紫貂、棕熊、河狸、水獭、旱獭、松鼠、雪兔、北山羊、猞猁等。同时，新疆还有歌舞之乡、瓜果之乡、黄金玉石之邦等美誉。

新疆的哈密以盛产"哈密瓜"而闻名于世。哈密的自然环境十分优越，白天光照长，夜里温度低，所以这里产的哈密瓜尤其甜。

103

内蒙古自治区

内蒙古自治区，简称"内蒙古"，首府呼和浩特。内蒙古资源储量丰富，有"东林西矿、南农北牧"之称，草原、森林和人均耕地面积居全中国第一，也是中国最大的草原牧区。

精彩中国

内蒙古草原文化源远流长，"那达慕"大会是蒙古族历史悠久的传统节日，在每年的七八月间举行。"那达慕"在蒙语中是娱乐、游戏的意思，它源于摔跤、射箭、赛马三项竞技。草原民族以彪悍著称，饮食也粗犷豪放，以羊肉、奶、野菜及面食为主要原料，烹调方法比较简单——以烤最为著名。特色美食有烤羊腿、全羊席、手抓羊肉、奶酪、马奶酒、蒙古馅饼等。

成吉思汗陵，位于内蒙古鄂尔多斯市伊金霍洛旗草原上，它是蒙古帝国第一代大汗成吉思汗的衣冠冢。

宁夏回族自治区

宁夏回族自治区，位于中国西部地区黄河上游，简称"宁"，首府银川。宁夏虽地处西部，但因宁夏平原土地富饶，被称为"塞上江南"。历史上，宁夏曾是东西部贸易的交通要道。

精彩中国

宁夏地处中国西北干旱之地，是中国水资源最少的省区，大气降水、地表水和地下水都十分贫乏。因此，宁夏当地的动植物以适应沙漠气候的物种为主，动物有沙鼠、沙蜥等，植物有麻黄、甘草、沙棘等。宁夏的少数民族以回族为主，回族风俗习惯较多且讲究。沐浴是回族最重要的风俗之一，可分为大净和小净，这也是基本的道德要求。

西夏王陵是西夏历代帝王陵以及皇家陵墓，是中国现存规模最大、地面遗址最完整的帝王陵园之一。

广西壮族自治区

广西壮族自治区，简称"桂"，首府南宁。广西属亚热带季风气候区，良好的气候条件孕育了大量珍贵的动植物资源，尤其盛产水果，火龙果、番石榴、荔枝、金橘、蜜橘、龙眼等都是当地特产。

精彩中国

广西拥有漫长的海岸线，海岸线上有北海银滩、涠洲岛、斜阳岛、竹山北仑河口跨国生态旅游景区等。广西的园林也极具特色，南宁市的公园以南亚热带风光为特色（如岩溶景观、水体景观等），并和古建筑构成各具特色的园林艺术，如南宁五象湖公园。广西历史悠久，古人类、古建筑、古文化遗址，古水利工程，石刻、墓葬等古文物及革命斗争纪念遗址众多。

涠洲岛是火山喷发堆凝而成的岛屿，有"蓬莱岛"之称，是中国地质年龄最年轻的火山岛，也是广西最大的海岛。

西藏自治区

西藏自治区，位于世界海拔最高的青藏高原，简称"藏"，首府拉萨。唐宋时期西藏称为"吐蕃"，清朝康熙年间起称"西藏"，并一直沿用至今。西藏以其悠久的历史和神奇瑰丽的自然风光而举世闻名。

精彩中国

西藏是中国太阳辐射能最多的地方，拉萨也因此被称为日光之城。西藏拥有世界上最蓝的天和最美的湖，最为著名的湖泊有纳木错和羊卓雍措。西藏地域辽阔，地貌壮观，百姓善良纯朴。自古以来，这片土地上的人们创造了丰富灿烂的民族文化，像布达拉宫、大昭寺、甘丹寺、萨迦寺等，都是世界著名的名胜古迹，每年前往旅游的人络绎不绝。

布达拉宫，位于拉萨市玛布日山上，是世界上海拔最高，集宫殿、城堡、寺院于一体的宏伟建筑，也是第五套人民币 50 元纸币背面的风景图案。

直辖市

直辖市是中国行政区划之一，是中华人民共和国省级行政区，是直接由中央人民政府管辖的建制城市。直辖市往往需要较多的居住人口，人口数量不得低于 600 万。中国目前有 4 个直辖市。

北京市

北京，中国的首都，位于华北平原北部，背靠燕山，毗邻天津市和河北省。北京历史悠久，文化灿烂，是首批国家历史文化名城、中国四大古都之一和世界上拥有世界文化遗产数最多的城市。

精彩中国

北京是一座有着3000多年历史的古都，这里有全国数量最多的帝王宫殿、园林、庙坛和陵墓。也有很多地方特色的有趣内容：北京小吃、京剧、京韵大鼓、相声、舞台剧、景泰蓝、漆雕等。北京还是一座国际化大都市，拥有百余家大中型购物商场。王府井大街、前门大栅栏、西单商业街是北京的传统商业区；国贸商城、东方新天地、中关村广场是新时尚地。

北京故宫，旧称紫禁城，是中国明清
两代的皇家宫殿。也是世界上现存规模
最大、保存最为完整的古代宫殿建筑群。

天津市

天津，中国四大直辖市之一，简称"津"。这座城市历经600多年，造就了中西合璧、古今兼容的独特城市风貌。海河是天津的母亲河，河水蜿蜒穿城而过，也让城市风貌多了一条靓丽的风景线。

精彩中国

天津是历史文化名城，由于清末外国租界云集，因此天津素有万国建筑博览会之称。这里既有雕梁画栋、典雅朴实的古建筑，又有众多新颖别致的西洋建筑。天津的美食也像它的建筑一样——别具风格，狗不理包子、十八街麻花、梨糕等享誉全中国。与美食相媲美的还有天津泥人张，这种创立于清道光年间的彩塑艺术在民间深受喜爱，是天津文化的标志之一。

天津之眼即永乐桥摩天轮，是世界上唯一建在桥上的摩天轮，可同时供 512 个人观光。

重庆市

重庆，中国四大直辖市之一，简称"渝"和"巴"。重庆是西南地区最大的工商业城市，国家重要的现代制造业基地，也是世界温泉之都，还是中西部水、陆、空型综合交通枢纽。

精彩中国

重庆历史悠久，是中国的历史文化名城之一。重庆旧称"恭州"，1189年宋光宗赵惇先封恭王再即帝位，自诩"双重喜庆"，于是将封地恭州更名为"重庆"。重庆地形复杂，气候多样，动植物资源丰富，境内有6000多种植物，其中桫椤、水杉、秃杉被称为植物"活化石"。因为潮湿，重庆人喜吃麻吃辣，尤其酷爱吃火锅，所以抵达该城后总能闻到浓香的火锅味。

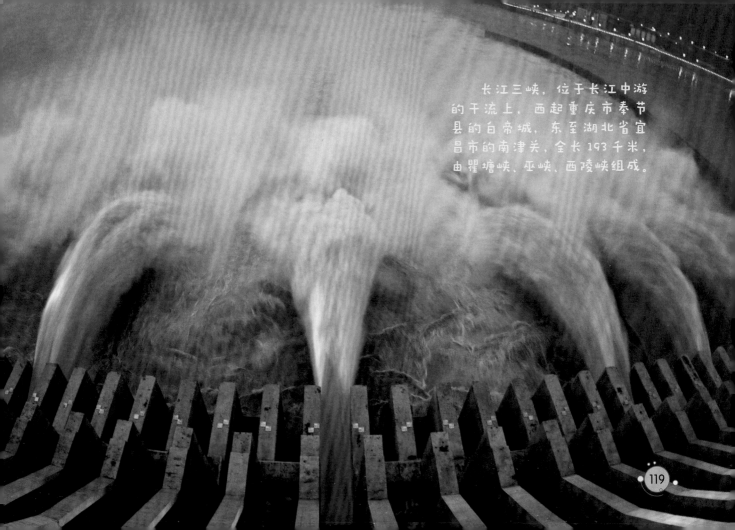

长江三峡，位于长江中游的干流上，西起重庆市奉节县的白帝城，东至湖北省宜昌市的南津关，全长193千米，由瞿塘峡、巫峡、西陵峡组成。

119

上海市

上海，中国四大直辖市之一，简称"沪"或"申"。上海是一座国家历史文化名城，拥有深厚的近代城市文化底蕴和众多历史古迹。而现在的上海则是世界一级城市。

精彩中国

上海是中国的一线城市，被誉为"魔都"，共辖 16 个市辖区。截至 2018 年年末，上海市常住人口 2423.78 万人，城市综合排名位列中国第三。上海有千年的历史，文化积淀深厚，尤其在近代史中被誉为"十里洋场"，有着重要的地位。如今的上海高楼林立，一派繁荣国际大都市的景象，那高高的东方明珠塔就是上海的标志性文化景观之一——它见证了上海的发展与繁荣。

外滩，位于上海市黄浦江畔，是中国著名的历史文化街区。外滩矗立着52幢风格迥异的古典复兴大楼，素有外滩万国建筑博览群之称，是中国近现代重要史迹及代表性建筑，上海的地标之一。

特别行政区

　　特别行政区，是指根据宪法规定在中华人民共和国行政区域范围内设立的，享有特殊法律地位，实行特殊的社会制度、政治制度、经济制度和文化制度等的地方行政区域。中国目前有 2 个特别行政区。

香港特别行政区

香港，与深圳隔河相望，是中国两个特别行政区之一。全境由香港岛、九龙半岛、新界3大区域组成。香港是一个现代化大都市，素有"东方之珠""美食天堂"和"购物天堂"等美誉。

精彩中国

香港是一座高度繁荣的自由港和国际大都市，与纽约、伦敦并称为"纽伦港"，是全球第三大金融中心。香港曾经隶属于中国广东省，1842—1997年间曾被英国强占。1997年7月1日，中国政府对香港恢复行使主权，香港回归祖国怀抱。香港四季分明，春温多雾，夏热多雨，秋日晴和，冬微干冷。由于人口密度高，香港"热岛效应"比较严重。

香港的维多利亚港是世界三大天然良港之一，大量的摩天大楼分布于维多利亚港两岸，高度逾90米的建筑超过3000座。

澳门特别行政区

澳门，与香港隔海相望，中国特别行政区之一。1553年葡萄牙人获取澳门的居住权，1887年12月1日，葡萄牙人正式对澳门实行殖民统治。1999年12月20日，中国政府恢复对澳门行使主权，澳门回归祖国怀抱。

精彩中国

澳门，原名濠镜，是一个国际自由港和世界旅游休闲中心，世界人口密度最高的地区之一。经过最近100多年的发展，澳门成为一个具有中西方文化特色、风貌独特的城市。这里留下了大量的历史文化遗迹，2005年，澳门正式成为联合国世界文化遗产。澳门的大三巴牌坊，又名圣保禄大教堂遗址，是澳门的标志性建筑之一，同时也是"澳门八景"之一。

澳门历史城区（旧称澳门历史建筑群），是中国境内现存最古老、规模最大、保存最完整、最集中的中西特色建筑共存的历史城区。

版权专有　侵权必究

图书在版编目（CIP）数据

认中国 / 新华美誉编著 . -- 北京 : 北京理工大学
出版社 , 2021.8
（童眼看世界 : 升级版）
ISBN 978-7-5763-0038-3

Ⅰ . ①认… Ⅱ . ①新… Ⅲ . ①中国—概况—儿童读物
Ⅳ . ① K92-49

中国版本图书馆 CIP 数据核字 (2021) 第 136324 号

出版发行 / 北京理工大学出版社有限责任公司
社　　　址 / 北京市海淀区中关村南大街 5 号
邮　　　编 / 100081
电　　　话 / （010）68914775（总编室）
　　　　　　（010）82562903（教材售后服务热线）
　　　　　　（010）68944723（其他图书服务热线）
网　　　址 / http://www.bitpress.com.cn
经　　　销 / 全国各地新华书店
印　　　刷 / 天津融正印刷有限公司
开　　　本 / 850 毫米 × 1168 毫米　1/32
印　　　张 / 16　　　　　　　　　　　　　　　　责任编辑：梁铜华
字　　　数 / 240 千字　　　　　　　　　　　　　文案编辑：杜　枝
版　　　次 / 2021 年 9 月第 1 版　　2021 年 9 月第 1 次印刷　　责任校对：刘亚男
定　　　价 / 80.00 元（全四册）　　　　　　　　责任印制：施胜娟

图书出现印装质量问题，请拨打售后服务热线，本社负责调换